IRE

13

I0060370

F. 5089.

par Herbert

F 4425. porté

c.

25973

OBSERVATIONS

SUR LA LIBERTÉ

DU COMMERCE

DES GRAINS.

Qui seminat in lacrymis, in exultatione metet.

A AMSTERDAM,

Et se vend à Paris,

Chez {
MICHEL LAMBERT, Libraire-Imprimeur, rue de la Comédie.
HUMBLOT, Libraire, rue du Foin.

M. DCC. LIX.

AVERTISSEMENT.

L'Auteur de ces *Observations* étant prêt de donner au Public un Ouvrage *sur l'emploi des hommes*, dans lequel il fait voir combien l'agriculture est préférable à toute autre maniere de les employer; il a cru nécessaire de faire précéder cet Ouvrage par les observations suivantes, qui ont pour objet un des principaux moyens de favoriser l'agriculture & de la rendre utile; sçavoir la liberté du commerce des bleds.

OBSERVATIONS.

LE cultivateur gêné par les Réglemens, craint de confier à la terre
une semence qui dans une année
stérile lui coûte cher, & qui dans
la plus fertile, ne lui produira qu'u-
ne abondance onéreuse. Si on le
laisse maître de disposer des productions de son champ, il en tirera le
patti le plus avantageux. Vraiment
riche alors par l'abondance, il ne né-
gligera aucun moyen de se la procurer. C'est le défaut de liberté dans
le commerce du bled, qui, par les
variations excessives qu'il occasionne

A

dans le prix de cette denrée si nécessaire , ruine le cultivateur & le
consommateur. Comment en effet un
fermier qui a peu d'avance , & qui
est obligé de vendre chaque année sa
récolte pour payer le propriétaire ;
les impositions & toutes les dépenses de sa ferme , comment un tel homme peut - il se soutenir , lorsqu'il ne
vend le bled que 10 à 12 livres le
septier ? il lui revient à près de
15 livres.

Comment , d'un autre côté , un
malheureux journalier peut-il trouver dans le produit de ses journées
dequoi fournir assez de pain à une famille nombreuse , quand le même
septier de grain monte à 30 & 40 liv.
le prix des journées n'augmente pas
lorsque le bled hausse de prix , ce
qui seroit cependant nécessaire , pour
que le journalier pût trouver dans

fon falaire , qui eft fon unique reffource , dequoi fournir à fa fubfiftan-
ce & à celle de fa famille ; le prix
du travail diminue au contraire ,
parce que la chereté du bled im-
pofe à une plus grande quantité
d'hommes la néceffité de travailler.
Que l'on interroge les maîtres ouvriers de tous les métiers , les fabri-
quans de toute efpece , & enfin tous
ceux qui font travailler ; ils dépofe-
ront qu'ils ne trouvent que très-diffi-
cilement des ouvriers quand le pain
eft à bas prix , & qu'ils en font
accablés quand il devient plus cher.
Péu d'hommes travaillent quand le
bled eft à bon marché ; l'ouvrier
gagne en trois jours dequoi vivre
toute la femaine : alors le fermier
fe ruine , le journalier perd l'habi-
tude du travail , & l'induftrie languit.
Quand le bled devient cher , tout

le monde est forcé de travailler ; & cette concurrence de travaux baisse tellement le prix de la main d'œuvre, que l'ouvrier ne peut plus trouver dans son travail dequoi subvenir aux nécessités les plus urgentes de la vie : d'où il résulte que le point auquel on doit tendre , est d'éviter également & la non-valeur & la chereté. C'est le moyen le plus sûr d'empêcher la ruine d'une infinité de familles , surtout dans les campagnes , & de leur inspirer l'amour du travail. Il n'est point d'homme qui ne s'y livre volontiers, quand d'un côté ce travail lui est nécessaire pour vivre , & que de l'autre il trouve dans son produit dequoi fournir suffisamment à ses besoins.

Quand le bled devient cher , il n'y a que ceux qui ont quelques ressources d'ailleurs ; qui puissent se tirer d'affaire avec le prix de leurs journées : tous ceux dont une nombreuse famille consomme tous les jours le gain dans des temps ordinaires , sont contraints par la nécessité , dès l'instant que ces temps deviennent plus difficiles , d'aller mendier , & d'employer à cette basse & odieuse ressource un temps qui , s'il n'étoit rempli que par le travail, ne pourroit leur procurer les moyens d'acheter les choses nécessaires à leur subsistance. La plûpart de ces hommes continuent de mendier lorsque les temps sont devenus meilleurs , parce que malheureusement , quand une fois on a goûté ce genre de vie infâme, mais commode & facile, on ne peut plus retourner au travail : l'exemple du chef de famille entraîne avec lui tous ceux qui l'entourent , & les précipite dans l'abîme de la mendi-

cité ; au lieu de trois bons ménages
d'ouvriers, dans les campagnes, que
cette famille auroit dû produire, le
libertinage, suite naturelle d'une vie
oisive, disperse les enfans, trop heu-
reux encore quand ils ne sont qu'inu-
tiles, & qu'ils ne deviennent pas par
leurs crimes l'objet de la sévérité
des Loix. C'est ainsi que les Villa-
ges se dépeuplent, & que des hommes qui devroient faire la force d'un
Etat, en deviennent le fardeau.

La liberté entiere du commerce du
bled, est le seul moyen d'en rendre
le prix plus égal & plus uniforme ;
& de remédier par conséquent à un
mal dont les suites sont si funestes.
Sans le débit, l'abondance de nos
productions les fait tomber en non-
valeur, & cette non valeur qui ruine
les fermiers & l'agriculture, diminue pour les années suivantes le

nombre d'arpens de terres enſemen-
cées en bled & les ſoins du cultivateur, parce que la perte qu'elle leur
occaſionne les met hors d'état d'en
faire les frais : ainſi cette abondance
ne ſert aujourd'hui qu'à nous procurer
une diſette prochaine. Les revenus
d'un Royaume, ne ſont reglés que
par le prix des denrées qu'il produit,
& le prix de ces denrées n'eſt ſoute-
nu que par le commerce avec l'Etranger : ſans le commerce extérieur
d'exportation & d'importation, ce
prix ſuit néceſſairement les variations
de diſette & d'abondance des récoltes dans les pays où les denrées croiſ-
ſent, & ces variations font ſouffrir à
l'Etat des cheretés & des non-valeurs
également ruineuſes & inévitables.

Si l'on ne retrouve pas dans la
vente des productions de notre ſol,
ou dans la fabrication des marchan-

difes , les dépenfes ou les frais qu'il faut avancer pour leur production ou pour leur préparation , ce prix eſt ruineux pour l'Etat , parce qu'il oblige d'abandonner la production ou la fabrication d'une denrée qui feroit bornée à un tel prix : fi par diſette cette même denrée parvient à un prix onéreux au peuple , ce prix eſt chereté : le bon prix eſt celui où l'on retrouve les frais avec un gain fuffifant, pour exciter les productions ou la fabrication de cette denrée.

Par un commerce libre & facile des grains entre différens Pays , les prix ne font point fujets à de grandes variations , parce que les Pays qui éprouvent la difette par de mauvaifes récoltes , font approvifionnés par ceux que l'abondance de leur récolte furchargeroit s'ils n'avoient ce débouché. Ainfi par cette communi-

cation générale , & ces alternatives
fucceſſives & réciproques d'abondance & de diſette , les prix des grains
reſtent toujours dans un état mi-
toyen chez tous les peuples réunis
par le commerce. Les motifs qui ont
autrefois déterminé le Gouvernement à reſtraindre & à aſſujettir à
des permiſſions le commerce de cette production de la terre ſont ſans
doute reſpectables : mais ſi l'expé-
rience prouve que cette gêne met le
bled à très-vil prix quand les moiſſons ſont abondantes , & les renchérit exceſſivement lorſqu'elles ſont
moins bonnes , on peut dire qu'elle
ne ſert qu'à diminuer les ſoins de la
culture , qu'elle anéantit les revenus
des propriétaires , & qu'elle enleve
à l'Etat la premiere de toutes ſes reſ-
ſources & le fond eſſentiel de ſa population & de toutes ſes richeſſes :

ainſi nous avons lieu d'eſperer qu'un Gouvernement ſage , dont toutes les vues ſe portent au bien , adoptera le ſyſtême de la liberté de ce commerce.

Les avantages que retirent nos voiſins de cette liberté acheveront vraiſemblablement de l'y déterminer. L'Angleterre n'éprouve pas une diſette en 50 ans , & la France eſt expoſée tous les quatre ou cinq ans à des retours de diſette & de calamité.

Au lieu de monopoleurs que les permiſſions produiſent , ayons de véritables marchands de bled , & nous n'éprouverons jamais ces funeſtes alternatives : mais nous n'aurons ces marchands que quand une loi générale par-tout le Royaume , & revêtue de toutes les formes néceſſaires , leur aſſurera leur Etat & le ſuccès de leurs ſpéculations. Les permiſſions

particulieres & momentanées d'exportation , que des amas de grains
trop confidérables chez les laboureurs
forcent quelquefois d'accorder , ne
peuvent qu'enrichir quelques entre-
preneurs, en leur donnant les moyens
de faire ce que l'on appelle des *coups*,
c'eft-à-dire , des fortunes fubites ,
qui ruinent les Provinces & affament
le Royaume qu'ils dégarniffent totalement de grain. La concurrence des
commerçans offre un coup d'œil
bien différent : ils auront toujours
foin de remplir leurs greniers , foit
de bleds nationnaux foit de bleds
étrangers , à mefure qu'ils fe vuide-
ront : les greniers des marchands de
bled feront donc d'une grande reffource en France , dans les mauvaifes années, pour les mois où l'on at-
tend maintenant avec tant d'impa-
tience la nouvelle récolte. Le grand

A vj

nombre de ces greniers , que l'intérêt
perfonnel des marchands nous procurera , confervera en tous temps
dans le Royaume une affez grande
quantité de bled pour que la diffé-
rence du prix de la meilleure année
à la plus mauvaife n'aille pas à fix
livres par feptier , ce qui ne feroio
que 6 deniers par livre de pain. Les
dangers & les frais de la garde du
bled doivent raffurer fur la crainte
des amas trop confidérable ou gardés
trop longtemps , fur-tout par des marchands qui ne les recoltant pas , font
obligés de les acheter avec un argent qu'ils cherchent dans toutes
leurs opérations à placer de maniere
à le revoir fouvent. La maxime de
tous les marchands eft qu'il y a plus
de profit à vendre fouvent avec un
leger bénéfice , qu'à attendre plus
longtemps un bénéfice plus confi-

dérable mais qui eſt incertain. Le ſyſtême de ceux qui ſe mêlent aujour-
d'hui du commerce des bleds eſt
très - différent ; comme ils ſçavent
qu'ils ne peuvent gagner que dans
quelques circonſtances critiques qui
ne reviennent que tous les trois ou
quatre ans ; ils ne ſont occupés que
des moyens de les rendre fréquen-
tes , & d'en tirer tout le parti qu'ils
peuvent. Si ces mêmes hommes pouvoient ſe faire un état du commerce
du bled , & qu'ils fuſſent les maîtres
de l'étendre auſſi loin qu'ils vou-
droient, pourquoi n'eſpérerions-nous
pas qu'animés, par rapport à ce commerce , du même eſprit qui anime
les autres marchands , ils ſe conten-
teroient d'un bénéfice honnête , &
qu'ils aimeroient mieux le répéter
ſouvent, que de courir des riſques ,
en voulant le porter trop loin. D'ail-

leurs une augmentation confidérable
dans le nombre des marchands de bled,
qui fera une fuite néceffaire de la liberté de ce commerce , ne permet-
tra plus entr'eux une intelligence fu-
nefte à la fociété , puifqu'elle n'a
pour objet que de mettre un prix ex-
ceffif à une denrée dont on ne peut
fe paffer ; intelligence qui n'eft que
trop fréquente parmi les gros fermiers de nos Provinces. Les marchands trouveront dans l'étendue de
leur commerce un bénéfice plus confidérable que celui que les monopoleurs cherchent dans les difettes qu'ils
occafionnent. Les marchands ayant
toujours les yeux ouverts fur le prix
des grains tant nationnaux qu'étrangers , ils feront perpétuellement occupés à en tirer du Pays où il fera
à bon marché , pour le porter dans
celui où il fera un peu plus cher ;

ainfi le prix du bled fera à peu près le même dans toute l'Europe. Vainement craindroit-on que la France ne fe trouvât affamée par les exportations chez l'Etranger : tout le commerce du grain en Europe ne va pas à douze millions de feptiers , année commune. Dantzick eft le port d'où les Hollandois tirent la plus grande partie de celui qu'ils commercent. La Barbarie , la Sicile , Hambourg en fourniffent confidérablement : les Colonies Angloifes , furtout la Nouvelle York , & la Penfilvanie augmentent tous les jours leur culture , & fourniffent beaucoup de grains : ainfi ce ne feroit qu'après plufieurs années pendant lefquelles notre culture augmenteroit , & après bien des foins de la part de nos marchands , que nous pourrions parvenir à fournir trois ou quatre millions de fep-

tiers dans le commerce étranger
des grains. Nous verrons par la suite de ce Mémoire , que cette exportation ne peut nuire à l'approvi-
sionnement de la France , & combien même il seroit à souhaiter qu'elle
pût aller plus loin. L'étendue de
notre sol semble nous le promettre ;
si la culture est encouragée, l'im-
mensité des récoltes qu'un terrein
si étendu peut produire , nous met-
tra en état de donner le bled dans
le commerce général de l'Europe
à quarante sols par septier meilleur
marché que l'Angleterre , & de rui-
ner par-là son agriculture ; à l'augmentation de laquelle elle doit l'accroissement total de sa puissance.
S'il est vrai que la maniere la plus
avantageuse de combattre les Anglois
soit de leur enlever des branches de
commerce , & de faire évanouir par-

là leurs grands projets , quel avantage ne tirerons-nous pas de notre
commerce extérieur des grains qui
en peu d'années anéantira celui de
l'Angleterre , & par conséquent la
source de ses richesses, & celle de
la plus grande partie de ses manu-
factures ! A cet avantage joignons-en
encore un autre ; c'est le fret & le
cabotage , que le transport de nos
grains occasionnera : il y a des Villes qui ne peuvent pas faire le commerce avec l'Amérique , en concurrence avec d'autres Villes du Royaume ; on pourroit par des récompenses les engager à embrasser le cabotage qui seroit d'une grande ressource à l'Etat , soit en y apportant de
l'argent , soit en formant des mate-
lots.

Avant que d'entrer dans les dé-
tails, je ne puis m'empêcher de don-

ner un exemple , qui fert à prouver
que la liberté entiere du commerce
du bled ne peut être dangereuſe :
c'eſt celui de l'avoine ; nous ne
voyons jamais cette denrée ſujette à
des rehauſſes par monopoles , parce
que le commerce en eſt parfaitement
libre ; elle ſe ſoutient à peu près au
même prix , tant que les ſaiſons n'y
ſont point contraires , & que le bled
ne renchérit pas d'une maniere ſen-
ſible. L'avoine dans les greniers
n'exige aucuns ſoins ni aucunes dé-
penſes ; elle ne ſouffre point de dé-
chet. Si l'on m'objecte qu'il y a
moins de chevaux que d'hommes ,
je répondrai qu'un cheval mange
15 ſeptiers d'avoine dans une année ,
tandis que chaque homme , l'un dans
l'autre , ne conſomme pas trois ſeptiers de bled : on récolte en France beaucoup moins d'avoine que de

bled : plusieurs Provinces où la culture se fait avec les bœufs ne produisent point d'avoine : les terres qui ne portent point de bled dans ces Provinces restent en friche , elles se couvrent d'herbes & fournissent un paturage pour les bœufs. Dans les Pays où la culture se fait avec les chevaux , on ne seme pas en avoine autant de terre qu'on en seme en bled : un tiers au moins des terres qui sont destinées à la production des *Mars* , sont semées en orge , pois , vesces , chanvres & autres graines qui se sement en Mars : d'ailleurs le même arpent de terre qui produit six septiers de bled , n'en produit gueres que trois en avoine. La récolte de l'avoine étant moins forte que celle des bleds , & le prix étant plus foible , il seroit plus facile à des compagnies de se rendre

maîtreſſe de cette récolte que de celle
du bled ; la liberté du commerce de
l'avoine a prévenu cet inconvénient :
pourquoi donc crainderions-nous cette liberté pour celui du bled ? Les
augmentations dans le prix de l'a-
voine ne reſſemblent en aucune fa-
çon à celles que nous voyons tous les
jours ſur les bleds : celles ſur l'avoine ne ſont conſidérables que lorſque
les récoltes ſont manifeſtement mau-
vaiſes. Il eſt vrai que depuis quelques
années l'avoine eſt devenue beaucoup plus chere qu'elle n'étoit autrefois ; mais cette augmentation de prix
étant à peu près la même depuis plu-
ſieurs années , elle ne peut être regardée comme la ſuite d'un monopole. Le renchériſſement qu'occaſionne cette cupidité ſans bornes, ne peut
ſe ſoutenir longtemps, parce qu'il
eſt trop conſidérable ; d'ailleurs il

n'eſt perſonne qui , après un inſtant
de réflexion , ne voye la raiſon de cette augmentation dans le prix de l'a-
voine : le nombre des équipages s'eſt
conſidérablement accrû dans les Villes , & le luxe dans cette partie
fait tous les jours de nouveaux progrès , ſurtout à Paris d'où nous par-
tons trop ſouvent dans nos calculs.

Ajoutons encore à cet exemple
un argument triomphant pour la liberté du commerce des grains : c'eſt
l'Arrêt du Conſeil d'Etat du 5 Juin
1731 , ſur la culture des vignes.

Le Gouvernement qui a craint juſ-
qu'ici d'affamer le Royaume en ac-
cordant une liberté entiere ſur le
commerce des grains , vit en 1731
combien cette liberté dans le commerce des vins avoit multiplié les
vignes : il crut même que cette der-

niere culture iroit trop loin , &
anéantiroit celle des bleds fi l'on
ne l'arrêtoit par des Réglemens qui
ne pouvoient être qu'onéreux aux
particuliers en pareil cas , mais que
cette crainte lui fit regarder comme néceffaire. En conféquence il in-
fligea par cet Arrêt des amendes confidérables contre ceux qui planteroient de nouvelles vignes , ou qui
cultiveroient celles qu'ils auroient
abandonnées pendant deux ans. Un
arpent de vigne coûte cher à plan-
ter, à fumer & à cultiver, & ne produit
rien pendant quelques années. Il n'eft
point de récolte plus incertaine que
celle des vignes , parce qu'il n'eft
point de production de la terre plus
expofée aux imtempéries des faifons,
& qui en foit plus dépendante. Il
eft bien des Etats qui ne récoltent
point de vin , au lieu qu'il n'eft point

de Pays habité en Europe , qui ne
produise des bleds : mais parmi ceux-
même où l'on récolte des vins ,
combien en est-il qui ne peuvent se
passer des nôtres , soit qu'ils n'en
ayent pas une suffisante quantité, soit
que leur qualité ne permette pas d'en
faire une boisson ordinaire ? Aussi
presque toute l'Europe achete des
vins de nous. Les droits que le Roi
tire d'un arpent de vigne font infi-
-niment plus forts que ceux qu'il tire
de plusieurs arpens de bled. La liberté du commerce des vins a triom-
-phé de tous ces obstacles & a porté
si loin cette production , que malgré
toutes les raisons que nous venons
d'exposer, & qui devoient naturelle-
ment nous faire craindre de manquer
de vin , nous nous sommes crus obligés de prendre des précautions au
contraire pour restraindre la quan-

ntité des récoltes. Comment, après
un pareil exemple, pourroit-on
avoir la plus legere inquiétude sur
la liberté du commerce des bleds !
N'arrachons plus les vignes pour faire place aux bleds : au lieu d'amendes contre ceux qui planteroient des
vignes, donnons au cultivateur du
bled la même liberté & les mêmes
facilités : le cultivateur & le vigne-
ron auront les mêmes motifs de confiance, & les mêmes dégrés d'émula-
lation ; le plus ou le moins de confommation, le commerce le plus étendu, le plus néceffaire & le plus facile, fixera fans effort le nombre &
la quantité de terres que chacune de
ces productions doit occuper : que
la liberté foit égale & nous n'avons
plus rien à craindre.

» Le prix, dit M. Herbert (*),

(*) C'eft au zéle de M. Herbert pour le bien
ces

» cet équitable arbitre de toutes cho-
» ses , toujours la balance en main,
» montre aux humains attentifs la
» mesure & la récompense de leurs
» travaux , il dirige leurs vues , &
» regle toutes leurs occupations. Lui
» seul sans aucun autre secours , sçait
» fixer les quantités de chaque pro-
» duction , il les proportionne & les
» dispense relativement aux deman-
» des & aux besoins ; mais il ne
» veut être ni captif ni contraint.
» Le cultivateur marche sans peine à
» sa suite quand il n'est point affecté
» par la crainte des Réglemens. Res-
» traindre le commerce des bleds à
» l'intérieur seulement , laisser libre

public ; que nous devons le premier ouvrage qui
ait attiré l'attention du Gouvernement sur la
matiere intéressante de la liberté du commerce
des bleds. Cet ouvrage a occasionné l'Arrêt du
Conseil de 1754 ; qui permet ce commerce dans
le Royaume.

B

» celui des vins, arracher les vignes,
» c'eft emmailloter l'un, laiffer croî-
» tre l'autre, & le mutiler enfuite
» pour les rendre égaux «.

L'intérêt feul, fi on le laiffe en liberté, fuffit pour établir & graduer
les proportions.

» Ne fouhaitez jamais que le la-
» boureur donne des grains à un prix
» qui lui foit onéreux. Vous provo-
» quez la difette dont vous voulez
» vous garantir. N'arrachez point les
» vignes pour faire place aux grains,
» vous ne ferez qu'augmenter nos
» friches. Si vous ne payez les grains
» leur jufte valeur, vous les payerez
» fouvent trop cher, fouvent vous
» en manquerez. Si les vignes leur
» nuifent, traitez les bleds comme les
» vins, laiffez-les fe difputer la préfé-
» rence, donnez-leur le même effor ;
» là denrée dont on aura le plus de

» besoin, sera la plus profitable &
» prendra néceffairement le deffus :
» le foc aura bientôt tranché le fep
» fuperflu, & il ne lui cédera que le
» terrein qui convient le moins au
» bled «.

Entrons maintenant dans des dé-
tails qui tranquilliferont tout homme
raifonnable & libre de prévention.

La France contient trente mille
lieues quarrées, ou cent quarante
millions fix cent quarante mille arpens, fuivant le plus grand nombre des calculs (*) ; laiffez-en la moitié pour les chemins, les eaux, les

(*) Suivant ceux de Monfieur Caffiny, où la
perche eft de 22 pieds, il y a environ 130,000,
000 arpens dans le Royaume. Mais j'ai pris l'autre mefure comme la plus ordinaire pour les terres ; celle de 22 pieds pour perche, eft appellée
mefure de Roi, & eft principalement d'ufage pour
les bois dans les Maîtrifes des Eaux & Forêts. Je
dois encore obferver ici que toutes les fois que je
parle de feptier, j'entends celui de Paris.

bâtimens, les bois, les prés, les vignes, pâturages, terres en friche, &c.
il reſtera 70, 320, 000 arpens :
mais pour ne point nous embarraſſer
de fractions, & pour ôter de nos calculs quelques terres qui ne produiſent gueres que la ſemence, nous ne
compterons que ſur le pied de 60,
000, 000, déduiſons - en un tiers
pour laiſſer repoſer les terres, & nous
aurons 40, 000, 000 d'arpens portans grains tous les ans ; de ces 40,
000, 000, nous devrions naturel-
lement déduire une moitié pour les
Mars, ce qui nous feroit 20, 000,
000 d'arpens, mais comme parmi
ces Mars on ſeme beaucoup d'orges,
de ſarraſins & autres grains qui font
la nourriture des pauvres dans quelques Provinces, nous ne compterons
que ſur le pied de 15, 000, 000
d'arpens, pour les grains qui ne ſont

deftinés qu'à la nourriture des ani-
maux, & il nous en reftera 25, 000,
000, qui fourniront des grains pro-
pres à faire du pain. Il faut trois
quarts de feptier pour enfemencer
un arpent, cette femence produiroit
à raifon de cinq pour un, en calcu-
lant les bonnes avec les mauvaifes
terres, trois feptiers & trois quarts,
ce qui feroit trois feptiers, la femence prélevée : perfonne ne peut trouver ce calcul trop fort, puifque nous
avons exclu de notre fupputation les
terres de la qualité la plus inférieure,
ainfi nous pouvons compter la production de toutes nos terres, l'une
dans l'autre, fur le pied de trois feptiers nets par arpent, femence prélevée ; les 25, 000, 000 d'arpens
portans grains, dont on peut faire du
pain, nous produiront, fuivant le calcul ci-deffus, 75, 000, 000 de

septiers : 16, 000, 000 d'habitans
à trois septiers par tête, n'en peuvent
consommer que 48, 000, 000 ; par
conséquent il doit nous rester 27,
000, 000 de septiers par delà notre consommation. Si nous avons
2, 000, 000 d'habitans de plus dans
le Royaume ; 6, 000, 000 de septiers fourniront à leur consommation ;
ainsi il nous en restera 21, 000, 000
de surabondance. Quand sur cette
quantité de surabondance, nous en
vendrions tous les ans 4, 000, 000
à l'Etranger, ce qui à raison de 18 l.
le septier, introduiroit tous les ans
72 millions dans le Royaume, il nous
resteroit 17, 000, 000 de septiers
que nous pourrions regarder comme
superflus, nos calculs étant établis
sur le produit le plus bas.

L'augmentation de la population,
suite nécessaire d'une augmentation de

revenu dans l'Etat, nous rendroit la
confommation de ces 17 millions de
feptiers bien profitable, puifqu'elle
leur donneroit une valeur qu'ils
n'ont pas aujourd'hui. Quand nous
ne fupputerions ces 17 millions de
feptiers de grains fuperflus que fur le
pied d'une piftole, parce que nous
avons fuppofé dans notre produit des
farrafins, de l'orge & d'autres grains
de cette efpece, nous affurerions
par-là au Royaume 170 millions de
revenu de plus qu'il n'a aujourd'hui;
mais cette augmentation de population augmenteroit certainement la
culture des terres, qui à fon tour augmenteroit encore la population d'une
maniere bien rapide; ainfi le grand
profit que l'Etat tireroit de la liberté
du commerce des grains, ne confifte
pas tant dans la valeur des denrées
qu'on exporteroit, & dont on feroit

rentrer le prix chez lui, que dans l'augmentation de la population de la consommation intérieure qui en est une suite nécessaire. Alors les grains de tous les fermiers, devenant plus considérables, leurs dépenses & leurs soins pour la fertilisation de leurs champs, croîtroient dans la même proportion , & augmenteroient au moins d'un septier par arpent le produit de nos terres, qui à raison de 18 liv. le septier, donneroient tous les ans au Royaume 360 millions, Pour l'augmentation d'un septier par arpent, de 20 millions d'arpens de terres ensemencées en froment, 50 millions pour la même augmentation d'un septier par chacun des 5 millions d'arpens que nous avons supposés ensemencés en sarrasin, orge, &c. ces deux sommes de 410 millions, jointes à celle de 170 millions pour

les 17 millions de septiers qui, n'ayant
point de valeur aujourd'hui , sont
consommés inutilement par des ani-
maux qu'il seroit aisé de nourrir d'u-
ne autre maniere s'il y avoit du profit , & à celle de 72 millions pour la
vente à l'Etranger de 4 millions de
septiers de notre froment ; nous aurons une augmentation annuelle dans
nos revenus de 652 millions , que la
seule liberté du commerce des grains
nous auroit procurée. Ajoutons encore à ces gains le bénéfice que
feroient nos marchands, & le fret que
leur intelligence & leur économie
leur feront enlever à nos voisins , &
avec cette permission seule nous fe-
rons entrer dans le Royaume , tous
les ans , des sommes considérables.
Le laboureur encouragé par des
profits dont la plus grande partie le
regarde , cultivera des terres qu'il
B v

laiffe en friche ; il employera des
journaliers, & l'emploi des hommes
devenant avantageux, leur nombre
augmentera néceffairement. L'abondance des moiffons eft redoutable aujourd'hui pour la plus grande partie
de nos fermiers ; comment pour-
roient-ils travailler à nous la procurer, il n'y a qu'un très-petit nombre
d'entre eux qui profitent de cette
abondance, en faifant fervir leur ai-
fance à amaffer des grains qu'ils ne
revendent que quand ils les ont ren-
dus trop chers par leurs manœuvres ?
L'importation de grains étrangers
par nos marchands, & leurs amas re-
médieroient à un abus dont les fui-
tes font auffi étendues que funeftes :
le Roi ne feroit plus obligé de faire
des dépenfes confidérables pour venir au fecours de fes Peuples dans
ces momens critiques qui n'exifte-

ront même plus, quand les approvi-
fionnemens de nos marchands feront
perdre aux monopoleurs l'efpoir d'u-
ne cherté, qui feule les fait exifter.
Le cultivateur qui n'eft pas fort riche, éprouve fouvent l'indigence au
milieu de fes greniers pleins de bled;
il ne trouve perfonne à qui le vendre,
il ignore les Provinces & les Pays où
il en trouveroit le débit, & d'ailleurs
il ne pourroit quitter pour l'y con-
duire les travaux journaliers qu'exige la culture des terres. Bien différent du marchand, que ces objets oc-
cupent uniquement, il eft, pour ainfi
dire, forcé de voir avec douleur une
belle apparence de moiffon. Les ouvriers qui lui feroient néceffaires pour
les travaux de fes campagnes, trou-
vant dans le falaire de deux jours dequoi fubfifter toute la femaine, fe
laiffent-aller à une pareffe qui n'eft

malheureufement que trop naturellé
aux hommes : il faudroit pour les tirer de cet état d'inaction, un appas
de gain que ce cultivateur eft hors
d'état de leur préfenter ; ainfi, ou il
laiffe en friche une partie de fes terres,
ou il les occupe de productions qui
ne font pas à beaucoup près fi profi-
tables à l'Etat ; mais dont il eft plus
affuré de tirer avantage, parce que
le débit n'en eft pas gêné ; c'eft ainfi
que nous tariffons la fource de nos
véritables richeffes.

Le moyen fimple de la liberté
d'exportation, fut le principal reffort
qu'employa M. de Sully pour payer
en treize ans les dettes du Royaume,
pour diminuer les impôts & former un
tréfor public. Il difoit que fans cette
liberté, les Sujets n'auroient point
d'argent, & le Roi point de revenu :
il ne craignit pas que la liberté du

commerce des grains causât des fami-
nes ; comment pourrions - nous le
craindre , nous qui avons vû que depuis ce sage arrangement , la France
fût plus de soixante années sans éprou-
ver aucune disette ? Si nous avons
encore besoin d'exemples pour prouver la réalité & la célérité des progrès de richesse & de population ,
procuré par les ressources de l'agriculture , & de la facilité du commerce de ses productions , jettons les
yeux sur les Colonies Angloises de
l'Amérique Septentrionale , qui avec
des commencemens foibles , & dans
des Pays si éloignés , sont parvenus
en peu de tems à défricher & à peu-
pler des déserts immenses , à bâtir de
grandes Villes , à former des Ports ,
à établir une navigation & un commerce fort considérables : il est im-
portant de remarquer que toutes les

tentatives ; faites en différens temps
pour ces établissemens, ont manqué
tant que les nouveaux colons n'ont
eu pour objet que le commerce & la
recherche des mines : mais que dès
l'inftant qu'ils fe font donnés à l'agriculture, l'abondance, les richeffes,
l'extrême population l'ont bientôt
fuivie & fe font mutuellement foute-
nues : la population s'accroît par
l'augmentation des richeffes, & l'ac-
croiffement des richeffes fe perpétue
par l'augmentation de la population
& de la confommation qui en réfulte.

En France le feptier de bled coûte au fermier ; pour les frais, ferma-
ge & impofitions, environ 15 l. ; cal-
culons maintenant le produit d'un
arpent de terre, pendant cinq années, & voyons ce qu'il en tire dans
les meilleurs terreins. Il récoltera fur
cet arpent :

Dans une année

abondante	7 sept.	à 10 l.	70 l.
bonne	6	à 12	72
médiocre	5	à 15	75
foible	4	à 20	80
mauvaise	3	à 30	90

TOTAL 25 septiers dans les cinq années, ce qui fait cinq septiers par an. Les 25 septiers vendus aux différens prix ci-dessus,

produisent . . . . 387 l.

Et les 387 liv. partagés par 25 donnent 15 l. 9 s. 6 d.

Ainsi le gain du cultivateur n'est que de . . . 9 6

par septier; ce qui n'est pas suffisant pour le dédommager des accidens qu'il a à supporter, & pour faire les dépenses d'une bonne culture : aussi l'agriculture languit, & les revenus des terres s'anéantissent. Par l'exportation permise en France, les bleds

ne feroient ni à fi bon marché dans
certains tems , ni fi chers dans d'autres. En Angleterre, depuis que l'exportation y eft permife, le prix des
bleds ne varie que de 18 à 22 liv.
il eft à préfumer que fi elle l'étoit
de même en France, le prix des
grains ne feroit que de 16 à 20 liv.
c'eft une fuite néceffaire de l'étendue
& de la fertilité d'une partie de notre fol. Supputons maintenant nos
cinq années ci-deffus fur ce pied.

Année abondante 7.fept.	à	16 l.	112 l.
bonne	6	à	17	102
médiocre	5	à	18	90
foible	4	à	19	76
mauvaife	3	à	20	60

Le produit des 25 septiers dans
cette hypothefe , feroit de 440 liv.
au lieu de 387 liv. les 440 liv. par-

tagées par 25 septiers, nous donnent à-peu-près 17 liv. 13 sols par septier. Ainsi le cultivateur dans cette supposition gagneroit 2 liv. 13 s. par septier ; ce gain seroit égal pour tous les fermiers ; aujourd'hui il n'y a que ceux qui peuvent mettre dans leurs greniers plusieurs récoltes, & attendre un débit plus avantageux, qui trouvent la récompense de leurs travaux. Le grand nombre obligé de vendre de bonne heure & à bas prix, languit misérablement, & rend la vie pénible de l'agriculteur, redoutable. Les marchands de bled devenus conservateurs des grains, à la place des gros fermiers, ne pourroient, comme eux, dans certaines saisons, faire hausser considérablement le prix des bleds, en ne les faisant filer que petit à petit de leurs greniers dans les marchés, & en rendant par-là les

autres habitans de leurs Provinces
misérables. Si les Marchands de bled
faisoient augmenter d'une maniere
sensible le prix du grain dans une
Province, l'appas du gain feroit arriver dans l'instant celui des marchands
des autres Provinces en si grande
abondance, que ces premiers coure-
roient risque de ne plus trouver à
vendre le grain qu'ils ont dans leurs
greniers ; ainsi sans pouvoir être nui-
sibles, les marchands empêcheroient
les gros fermiers de faire des fortunes rapides ; mais rendant le prix du
bled plus égal en tout tems, ils pro-
cureroient des profits à ceux qui sont
obligés de vendre de bonne heure,
ils les mettroient en état de payer
des ouvriers, d'augmenter la culture de leurs terres, & par conséquent
leur production : on cultiveroit des
terres qui sont en non-valeur, le re-

venu des propriétaires augmenteroit ;
ainsi ces propriétaires seroient en état
de faire plus de dépense, cette dépense augmenteroit les travaux, les
travaux produiroient des salaires qui
augmenteroient la population ; l'augmentation de la population augmenteroit la consommation dans le Royaume, & contribueroit au progrès de
la culture : ainsi l'exportation en ti-
rant le plus grand nombre des laboureurs de l'indigence, procure
l'accroissement de la population, l'a-
bondance & la prospérité d'un Etat.

Faisons voir maintenant que le
consommateur sur lequel le laboureur tire ce bénéfice, n'est nullement
lezé. Le défaut de prévoyance de
quelques-uns des consommateurs &
celui de faculté dans la plûpart, les
empêchent de s'approvisionner dans
les bonnes années, & comme ils n'a-

chetent qu'au jour le jour, s'ils profitent du bas prix, ils font obligés de
fupporter les rehauffes : ainfi en faifant un prix commun de ce que leur
coûte maintenant le bled en cinq ans,
nous trouverons qu'il leur revient à
17 liv. 8 f. & l'exportation permife, il ne leur reviendroit qu'à 18 liv.
Pour prouver ce que j'avance, faifons la fupputation fuivante, aux mêmes prix établis ci-deffus.

Dans une année abondante, un
féptier
    leur coûte . . . . 10 liv.
    dans une bonne 12
    dans une médiocre . . . 15
    dans une foible 20
    dans une mauvaife . . . 30
                              ——
Ce qui fait pour les 5 féptiers 87 liv.
dont le cinquieme prix commun du
féptier eft 17 liv. 8 f.

L'exportation permife, dans l'année abondante le feptier

coûteroit . . . . 16 liv.

dans la bonne 17

dans la médiocre 18

dans la foible 19

dans la mauvaife 20

Ainfi ces mêmes cinq ————

feptiers coûteroient . . . . . 90 liv.

Le cinquieme de 90 eft 18, ainfi
le confommateur ne payeroit le bled
que 12 fols par feptier plus chér qu'il
ne le paye maintenant, & cependant
le cultivateur auroit par chaque feptier de bled 2 liv. 13 fols de plus
qu'il n'a aujourd'hui, & qui tourne-
roient en entier à fon bénéfice.

Je dois encore faire ici une obfer-
vation fur le bénéfice du laboureur :
devenu plus riche, il fera en état
d'acheter des beftiaux & de fumer

ſes terres ; pour lors ſes profits deviendront très-conſidérables ; indépendamment de ceux qu'il fera ſur ſes beſtiaux, l'engraïs des terres doit augmenter de plus d'un ſeptier le produit d'un arpent ; mais en ne ſuppoſant que ce ſeptier d'augmentation, il tourne en entier à ſon profit, parce que cet excédent de production n'a nullement augmenté les frais de culture. L'exportation étant permiſe, le laboureur verra avec grand plaiſir l'abondance des ſes moiſſons, & il prendra tous les moyens poſſibles pour ſe la procurer. Dans l'année abondante l'arpent lui produira 112 livres, & dans la mauvaiſe, il n'en tirera que 60 livres ; ſon intérêt perſonnel le portera donc à prendre tous les moyens poſſibles pour ſe procurer une bonne recolte, & pour en éviter une mauvaiſe : aujourd'hui

ce même arpent dans une année abondante ne lui produit que 70 livres,
tandis qu'il en retire 90 liv. dans la
mauvaise. La seule liberté du débit
du bled procurera tous ces avantages. Maintenant quand le bled re-
gorge dans toutes les Provinces, on
fait sentir au Gouvernement la nécef-
sité d'en laisser sortir hors du Royaume, & on accorde cette sortie pour
un tems limité : tous les greniers s'ouvrent à l'instant, & le propriétaire
ravi de trouver enfin un prix quel-
conque, d'une marchandise qui lui
étoit inutile & qui dépérissoit tous
les jours, se hâte de la vendre : mais
à qui ? souvent à des compagnies
formées par la cupidité qui abusent
de l'empressement du vendeur, de la
multitude des greniers qui s'ouvrent
à la fois & du court espace de tems
que la permission doit durer pour

acheter à bon marché le même grain qu'ils nous revendent souvent fort cher peu de temps après ; ainsi le Royaume se dégarnit de grains vendus à un prix si bas, que celui qui l'a recolté y perd une partie de ses avances. Le peu de débit du bled avoit déja déterminé le laboureur à diminuer la quantité de terres qu'il ensemençoit en bled ; si la recolte suivante n'est pas abondante, il est nécessaire que le bled devienne très-cher dans le Royaume ; pour lors le manœuvre qui n'a que son travail pour fournir à sa subsistance & à celle de sa famille, se trouve forcé de s'offrir à bas prix , parce que la cherté du grain met un plus grand nombre d'hommes dans la nécessité de travailler ; & comme dans ce cas le gain du chef de famille n'a plus de proportion avec ses dépenses , & qu'il

ne

ne peut y fuffire , il eft néceffaire
qu'un grand nombre de perfonnes
tombent à la charge de l'Etat , &
viennent remplir nos Hôpitaux , foit
comme indigens, foit comme mala-
des par le défaut d'alimens, & par
un travail forcé.

Le Gouvernement allarmé de la
pofition où fe trouve le Royaume ,
chargé des commiffionnaires de l'ap-
provifionner ; quelque dignes qu'ils
foient de fon choix , leur qualité de
commiffionnaires du Gouvernement
annonce la difette , effraye le propriétaire qui ferme fes greniers , in-
timide les forains & les écarte : il
feroit plus fimple & moins coûteux ,
quand cette difette feroit urgente ,
d'annoncer une gratification à tant
par mefure, payable comptant, au lieu
du dépôt à quiconque feroit une importation : c'eft principalement par

C

ce moyen, qu'en 1757 M. de Brou Intendant de Rouen, fit cesser en peu de temps dans sa Province une chereté de grains, qui, sans l'activité de ses soins & la sagesse de ses mesures, auroit occasionné une famine. Si nous avions eu des marchands de bled dans le Royaume, cette chereté n'eut pas existé : car tandis que le bled étoit à un si haut prix en Normandie, il étoit pour rien en Berry ; cette Province en regorgeoit, ses greniers étoient pleins même sur les bords des petites Rivieres qui l'auroient porté sans frais sur la Loire, & par conséquent avec bien de la facilité & peu de dépense dans toute la Normandie. Avec des marchands dans le Royaume, les plus mauvaises années ne coûteroient au Gouvernement que quelques légeres gratifications. Par cette seule & modique

dépense , on verroit bientôt arriver
de tous côtés les grains de l'Etranger;
une foule de marchands attirés par
la récompense , s'empresseroient de
fournir des bleds dont le prix dimi-
nueroit par l'effet de la concurrence.
En 1740 , M. Orry fit venir pour
treize millions de bled ; il n'en ven-
dit point & ces bleds germerent ,
parce qu'à l'arrivée de ce secours, les
magazins particuliers s'ouvrirent : si
nous avions eu des marchands de
bled établis en 1740 , le Roi auroit
épargné cette dépense, ou pour mieux
dire , la disette qui l'a occasionné
n'auroit point existé ; d'ailleurs on
se garantiroit par-là de l'inconvénient de vivre de bleds de mauvaise qualité. On éviteroit les murmu-
res bien ou mal fondés d'un peuple
qui se plaint toujours , lorsqu'il n'a
pas le choix de la qualité , & que

le prix eſt fixe : la multitude eſt dé-
raiſonnable , & imagine que ſi on la
ſoulage quand elle a faim , ce n'eſt
point gratuitement : ſouvent ſes mur-
mures & ſes inſultes tombent ſur celui qui fournit à ſes beſoins. Une gratification publique, payée ſur le champ
à tout marchand qui ameneroit du
bled , appaiſeroit les ſoupçons , la
crainte & la faim du peuple, & coûteroit infiniment moins cher que des
achats faits au nom de l'Etat ; mais
cette gratification même ne doit être
regardée que comme un remede vio-
lent dans une extrême néceſſité , qui
n'exiſtera jamais quand le commerce
des grains ſera parfaitement libre ;
parce que d'un côté , cette liberté
augmentera le nombre des arpents
de terres cultivées en bled, & que de
l'autre elle fera naître une multitude
de marchands de bled, dont le grand

nombre doit raſſurer ſur les craintes
de la connivence & du monopole.
L'intérêt de ces marchands les
conduira à tenir le bled ſur le même pied dans toute l'Europe, parce qu'ils tireront perpétuellement du
Pays où il ſera à bon marché, pour
porter dans celui où il ſeroit plus
cher. Comment pourrions-nous avoir
aujourd'hui de véritables marchands
de bled ? un homme ſenſé qui cal-
cule, n'achetera jamais une mar-
chandiſe ſujette à beaucoup d'accidens, s'il n'enviſage qu'il en pourra tirer tous ſes frais, & même du
bénéfice. Or comment pourra-t-il
s'en flatter, s'il penſe qu'il pourra être gêné dans ce débit, & qu'il
ne ſera pas maître d'envoyer ſes
grains au dehors, lorſque cela pourra remplir ſes vues & convenir à
ſes intérêts ? Ce n'eſt ni par permiſ-

sion ; ni par force , que l'on peut faire naître des marchands & des magazins , c'est par l'appas seul du bénéfice. Lorsque le bled sera à bon compte , les marchands débarasseront le laboureur de celui qu'il ne pourra pas garder & qui se gâte aujourd'hui chez lui, ou qu'il fait consommer inutilement à ses bestiaux : ils mettront ce surplus en magazins. Si le bled hausse en France, nos marchands aimeront mieux nous le vendre que de le porter au dehors , parce qu'il y a moins de frais , moins de risque , & que l'argent est plus présent. Tous les magazins nous seront ouverts sitôt qu'il y aura du profit. Si le bled se vend mieux chez l'Etranger , nos marchands ne manqueront pas de l'y envoyer , & le bénéfice qu'ils feront , sera un bénéfice pour l'Etat. Encouragés par cet-

te valeur nouvelle qu'ils introdui-
ront dans le Royaume , à continuer
le métier de conservateurs de grains ;
il ne peut plus y avoir de difette ;
mais quand on fuppoferoit que plufieurs mauvaifes récoltes confécuti-
ves feroient hauffer le prix du bled
en France, quelle reffource dans ce
cas que cette multitude de pour-
voyeurs entendus qui veillent fans-
ceffe au prix des grains, tant nationnaux qu'étrangers ? Il n'est pas dou-
teux qu'ils auroient prévû le mal ,
& qu'ils auroient dans leurs greniers fuffifamment de grain pour le
befoin de l'Etat ; mais quand même
ils n'en auroient pas toute la quantité néceffaire , avec quelle diligence & quelle économie n'en fe-
roient-ils pas venir du lieu où il eft
le moins cher ? Cette diligence &
cette économie font la fcience

& les revenus des marchands. Le moyen le plus sûr de faire tomber les monopoleurs , est d'avoir des marchands , parce que d'un côté , ils empêcheront le bled de tomber à un prix assez bas pour exciter la cupidité des monopoleurs , & que de l'autre , les sages approvisionne- mens que ces marchands auront tou- jours dans leurs greniers ôteront tout espoir à ces fléaux d'un Etat , de faire naître des disettes dans les Provinces , pour se procurer un dé- bit avantageux de leurs grains. D'ail- leurs le Ministere peut s'ôter toute inquiétude sur les dangers que les ennemis du bien public voudront lui faire envisager dans cette liberté du commerce des grains , en défendant d'en laisser sortir quand il sera au-des- sus d'un certain prix , comme 24 liv. , & en mettant une taxe sur celui qui

fera vendu entre 20 & 24 liv., 1 liv.
par exemple, fur chaque feptier qui
feroit vendu 21 livres, 2 livres fur
celui qui feroit vendu 22 liv., 3 liv.
fur celui de 23 liv., & 4 liv. fur celui
de 24 liv. Avec cette précaution &
celle de charger des hommes en qui
le public ait confiance, & dont l'ori-
gine, l'état & le défintéreffement
foient également connus, de veiller
fans ceffe fur un objet auffi impor-
tant que celui de notre agriculture
& de notre commerce des grains, &
d'acquérir, de concert avec Meffieurs
les Intendans des Provinces, des
connoiffances exactes fur le produit
de toutes les terres du Royaume
& fur la confommation des habitans,
il n'eft pas poffible qu'il refte la plus
légere inquiétude, même à ceux qui
feroient les plus prévenus contre cette liberté : de plus, ces connoiffan-

ces seroient fort utiles au Gouvernement, lorsque le Roi a quelques marchés à faire, soit pour l'approvision-
nement de ses troupes, soit pour
quelques autres objets de la même
importance.

Comme il seroit très-intéressant
pour les marchands de grain, que
le produit de nos terres augmentât,
puisqu'il augmenteroit l'objet de leur
commerce, il ne seroit pas difficile
de les engager à donner tous les ans
une petite somme entiérement volon-
taire, & qui seroit totalement em-
ployée à former des récompenses
qui seroient distribuées tous les ans
dans chaque Province à ceux qui
par leurs soins auroient récolté les
bleds de la meilleure qualité, & à
ceux qui auroient défriché plus de
terres incultes, & qui les auroient
remises en valeur : il seroit juste que

pendant quelques années ; ces terres
remiſes en valeur fuſſent exemptes
de tous impôts. Pour animer une opé-
ration ſi eſſentielle, il ſeroit bien utile
d'établir dans chaque Ville un peu
conſidérable , une eſpece d'Acadé-
mie d'Agriculture, compoſée de per-
ſonnes choiſies dans tous les Etats ;
ces Académies encourageroient les
travaux des habitans de leur canton,
ſoit par les récompenſes dont nous
venons de parler, qu'elles ſeroient en
état de diſtribuer avec juſtice , parce
qu'elle ſeroit à portée de connoître
exactement ceux qui les méritent ;
ſoit par des obſervations ſur la nature
du ſol & ſur les denrées qu'il peut
produire en plus grande abondance ,
& avec plus de profit pour le cultivateur ; chacune de ces Académies
feroit valoir quelques arpents de terres de différentes natures, afin d'ap-
puyer ces obſervations de l'exemple

qui a bien plus de crédit fur l'efprit des hommes qu'il s'agit d'inftruire, que tous les raifonnemens.

Si je n'ai pas le mérite d'avoir dit dans ce petit ouvrage des chofes nouvelles, & dignes de la protection du Gouvernement & du vœu du Public, au moins aurai-je la fatisfaction d'avoir encore donné une preuve de mon zele pour le bien de ma Patrie.

J'ajouterai ici un fait qui fuffiroit feul pour démontrer que l'abondance eft la fuite néceffaire de la liberté. M. de Sully, voyant que le prix des grains étoit exceffivement variable, & que la valeur du feptier de bled montoit quelquefois à celle du marc d'argent (c'eft-à-dire à environ 18 liv.) ouvrit les Ports pour ce commerce, & la feule liberté d'importation & d'exportation animant notre agriculture, rendit le bled fi commun en France, que fon prix baiffa en très-peu de temps de plus de moitié : cette abondance nous donna tant d'avantage fur les étrangers, pour la vente de cette denrée, que Thomas Culpepe, qui a donné un Ouvrage eftimé fur le commerce en 1621, fe plaint amérement dans fon Livre, que le bled de France fe vendoit à fi bon marché en Angleterre, que les habitans du pays ne pouvoient donner celui qu'ils recoltoient au même prix.

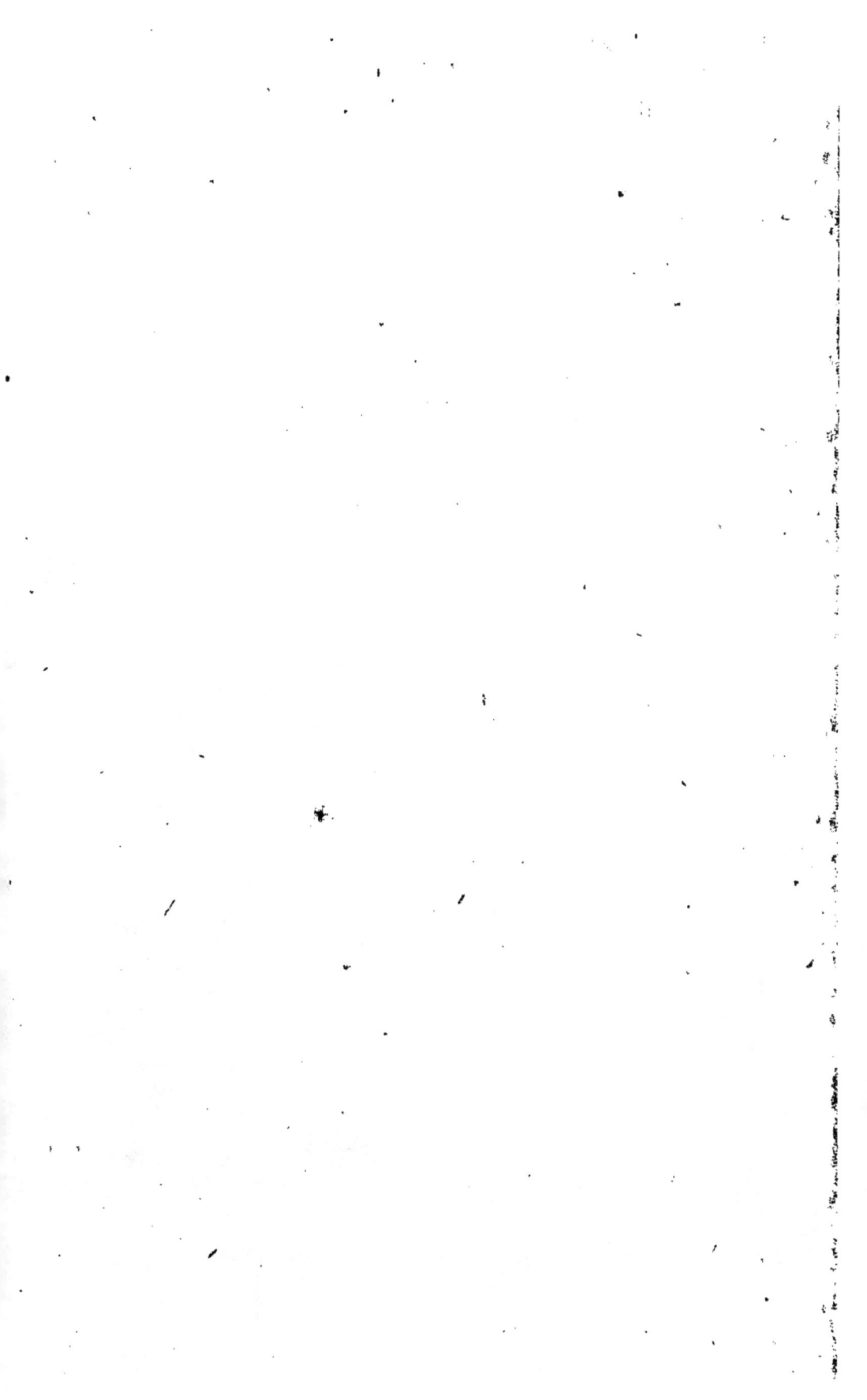

INVE

F 2

www.ingramcontent.com/pod-product-compliance
Lightning Source LLC
Chambersburg PA
CBHW070824210326
41520CB00011B/2105